U0242931

学习编程，从这套书开始！

孩子看的编程启蒙书 第2辑

❷ 编程能做的事

[日] 松田孝 / 著　丁丁虫 / 译

青岛出版社
QINGDAO PUBLISHING HOUSE

了解编程能做的事

生活中有很多机器都是通过编程运行的。我们之所以能在互联网上查找信息，也是因为计算机中进行了相应的编程。

只要确定了方法和步骤——也就是算法，计算机就能又快又好地执行任务，有时做得比人类还好。

不过，也有一些事情是编程做不到的。比如，它不能让计算机像人类一样自主思考、自主行动。如果没有确定的算法，计算机就无法正常运行。

阅读这本书，你会了解编程能做的事和不能做的事。

目 录

大家好！

欢迎欢迎！

写作业

大家正在写作业，表哥带着机器人来家里做客。

机器人能自己写作业吗?
算术
6上

先来写一写算术作业吧。
2.8 x 4 = ?
6 x 3 = ?
6 x 3 =18
语文四上
算术2上

看来，机器人的计算能力很强！
2.8 x 4 =11.2
5 角的硬币和 1 元的硬币共有 30 枚，共计 24 元。请问这两种硬币各有多少枚？
……不知道。
不过，做应用题好像就不行了……
那么，朗读课文怎么样呢？

哎哟，读得很流畅嘛。
哔哔哔……
我小时候生活的村子里，
有个名叫茂兵的老爷爷。
就是发音有点奇怪……

来写篇读后感吧。
……
它好像没办法写出来……
不过，写作文好像就不行了……

写完作业，大家一起去公园玩。
机器人能翻单杠吗？
加油！
哔哔哔……

它好像不能自己翻单杠……
对大多数机器人来说，要想经过编程，让它们和人类一样自由地做出复杂的动作，目前还有一定难度。
哐当！

机器人会画画吗？
看，画画是不是很难呀？
……

机器人只要使用照相功能，“画画”
对它来说就很简单了。
机器人可以拍照，并能把照片调成手绘风格。如果我们用打印机把照片打印出来，看起来就像画的一样了。
看，这是我们！

机器人有擅长做的事情，也有不擅长做的事情。

分析应用题、自主写作、像人类一样自主做出复杂的动作……这些都是机器人不太擅长做的事。

这是因为，指挥机器人行动的是计算机中的程序。有些程序容易编写，有些则很难编写。

机器人会开心、伤心，
会思考吗？

机器人有些事情做得比人类更好，但也有些人类可以轻松做到的事情，它却很难做到。

不过，事物都是在变化的。许多不久前人们还认为机器人做不到的事情，现在它也慢慢能做到了！

编程游戏

问题迷宫

机器人能做哪些事？

请分析迷宫中的问题，如果认为机器人能解决，就选择墙上写有“能”的方向；如果认为机器人不能解决，就选择写有“不能”的方向。只有做出正确的选择，机器人才能顺利到达终点。

机器人好像可以做很多事情呢！

哪些事情是机器人做不到的呢？

终点

问题4

能照顾植物吗？

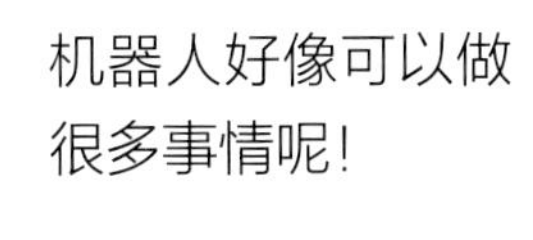

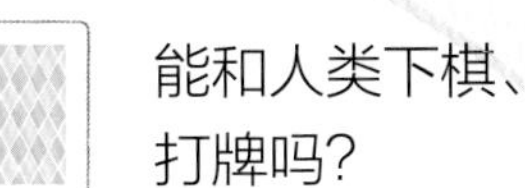

问题6

能和人类下棋、打牌吗？

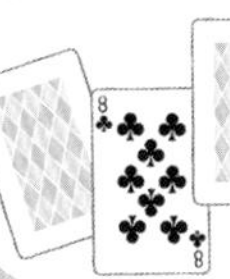

问题5

在采取行动前，能考虑对方的心情吗？

什么叫“考虑对方的心情”？

通过编程，我们可以让机器人记住人类的各种表情，并作出回应。当一个人显得很伤心时，机器人就发出声音鼓励他：“开心一点！”不过，有时人的情绪并不会表现在脸上，机器人就很难分辨了……

答案在下一页。

一些有确定规则的事情，如数字运算、重复做同一件事等，比较容易被编程；但是，需要自主思考或根据情况进行判断的事情，则很难被编程。

机器人能做的事情·不能做的事情

问题❶ 能打扫房间吗? ➡ 能

扫地机器人可以利用传感器发现墙壁、台阶和物体的位置。通过编程，不仅能指挥它打扫卫生，还能让它在发现障碍时改变方向。

问题❷ 能像人类一样自主运动，比如游泳、打棒球吗? ➡ 不能

通过编程，只能让机器人做固定或重复的动作，无法使它像人类一样根据情况自由活动。

问题❸ 1 秒钟能进行 100 亿次加法运算吗? ➡ 能

有的计算机 1 秒钟能进行 300 亿 ~1000 亿次运算，有的游戏机 1 秒钟甚至能进行 2 万亿次运算。

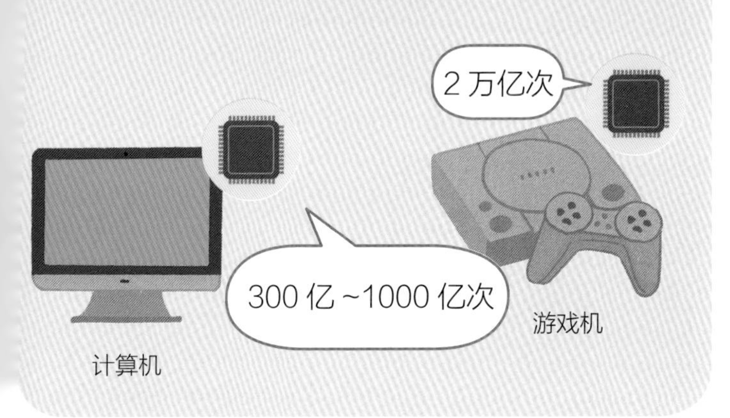

问题❹ 能照顾植物吗? ➡ 能

可以通过给机器人编程，让它每天定时给植物浇水、拉开窗帘晒太阳、驱除害虫等。

问题❺ 在采取行动前，能考虑对方的心情吗? ➡ 不能

虽然我们可以通过传感器让机器人读取他人的表情，说出预先设定好的话，但机器人并不能自主考虑对方的心情。

问题❻ 能和人类下棋、打牌吗? ➡ 能

只要通过编程让计算机（机器人）记住各种取胜的策略，它就能和人类玩这些游戏。

编程应用

原理点拨

互联网的信息检索

通过编程，人们搜集、整理了大量的信息，并将它们存储在网络服务器中。当我们借助互联网进行检索时，很快就能找到需要的信息。

互联网信息检索的原理

人们给搜索引擎编程，让它能够搜集、整理互联网上的信息。当收到搜索请求时，搜索引擎就会立刻给出回应。

※ 搜索引擎：信息检索的专业服务工具。

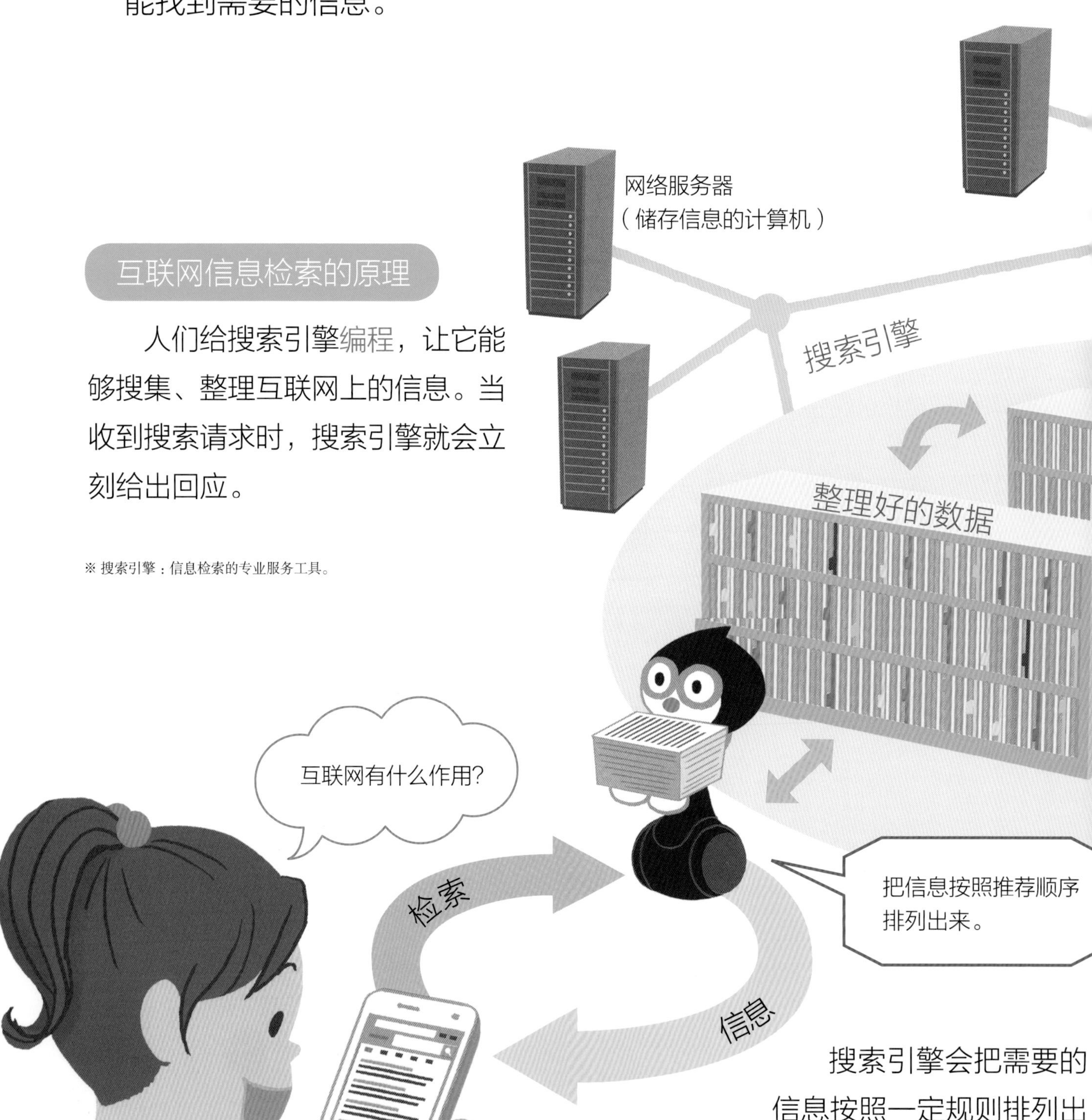

搜索引擎会把需要的信息按照一定规则排列出来。这种排列规则也是通过编程决定的。

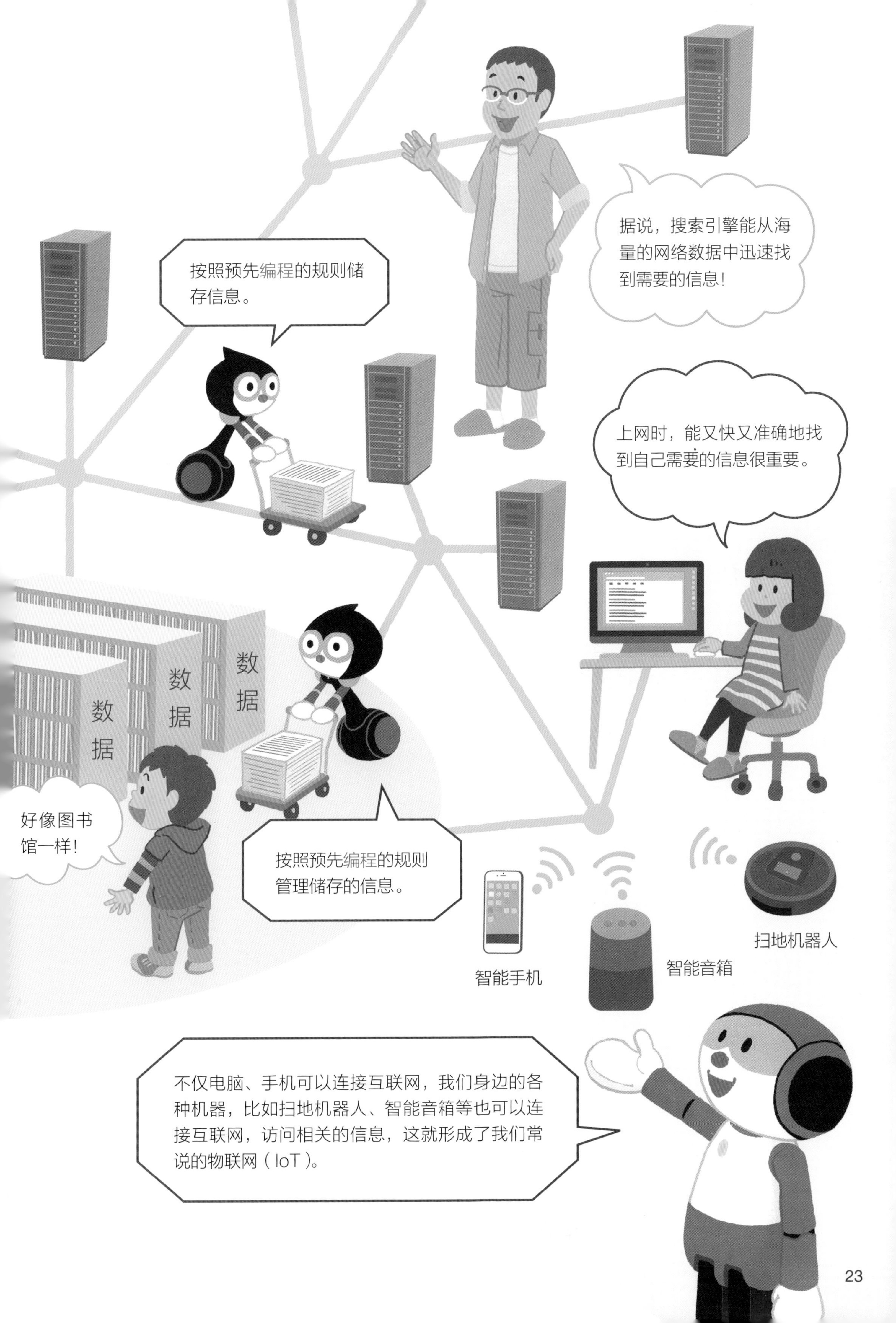
据说，搜索引擎能从海量的网络数据中迅速找到需要的信息！
按照预先编程的规则储存信息。
上网时，能又快又准确地找到自己需要的信息很重要。
数据
数据
数据
好像图书馆一样！
按照预先编程的规则管理储存的信息。
智能手机
智能音箱
扫地机器人
不仅电脑、手机可以连接互联网，我们身边的各种机器，比如扫地机器人、智能音箱等也可以连接互联网，访问相关的信息，这就形成了我们常说的物联网（IoT）。

编程应用

原理点拨

自然灾害模拟预测

预测自然灾害带来的损失，叫作“自然灾害模拟预测”。通过编程，计算机可以根据地形、建筑等信息，在地震、海啸等灾害数据的基础上，预测损失情况。

模拟预测由地震引发的海啸可能会造成的损失情况

※ 图中的地图与数据均为示意。

※ 超级计算机：采用最新技术制造而成，体积很大，运算速度超过家用计算机的1万倍以上。用处非常广泛，天气预报、天文学研究等领域都有它的身影。

通过模拟，计算机可以预测出受损的区域及受损的严重程度。要想减少灾害带来的损失，模拟预测是必不可少的！

编程应用

原理点拨

基于人工智能的医疗系统

人们正在研发新的医疗系统，为患者提供最佳治疗方案。人工智能（Artificial Intelligence，即 AI）可以利用大量的医疗数据，为寻找合适的治疗方案提供帮助。

基于人工智能的医疗系统

收集患者从出生起的体检数据、诊断信息等。

通过分析研究大量数据，AI 便可以找出最适合患者的治疗方案。

当然，决定最终治疗方案的还是医生和患者。不过，得益于 AI 的帮助，医生不但能缩短诊疗时间，还有可能发现新的治疗方法！

人们还通过编程给医疗信息加密，防止个人隐私泄露！

患者如果不方便去医院，也可以在家里通过网络摄像头和显示器接受诊断。

在家里接受治疗的患者，可以通过相关设备将信息回传给 AI。

数据

反馈

如果发现数据有问题，系统就会推荐患者做进一步检查。

※ 网络摄像头：通过互联网实时传送图像的摄像机。

超级计算机能进行各种模拟，对疾病的研究和治疗非常有用。它与 AI 联手，可以得到更加准确的诊断结果。

数据

模拟

图书在版编目（CIP）数据

孩子看的编程启蒙书．第2辑．2，编程能做的事 /（日）松田孝著；丁丁虫译．—青岛：青岛出版社，2019.10

ISBN 978-7-5552-8498-7

Ⅰ．①孩… Ⅱ．①松… ②丁… Ⅲ．①程序设计—儿童读物 Ⅳ．① TP311.1-49

中国版本图书馆 CIP 数据核字（2019）第 176795 号

Programming de Dekirukoto, Dekinaikoto

Supervised by Takashi Matsuda
Designed by Maiko Takanohashi
Illustrated by Etsuko Ueda
Produced by Yoko Uchino(WILL)/Ari Sasaki
DTP by Masami Kobayashi(WILL)
山东省版权局著作权合同登记号　图字：15-2019-137 号

书　　名　孩子看的编程启蒙书（第 2 辑 ②）：编程能做的事
著　　者　［日］松田孝
译　　者　丁丁虫
出版发行　青岛出版社
社　　址　青岛市海尔路 182 号（266061）
本社网址　http://www.qdpub.com
团购电话　18661937021（0532）68068797
责任编辑　刘倩倩
封面设计　桃　子
照　　排　青岛佳文文化传播有限公司
印　　刷　青岛名扬数码印刷有限责任公司
出版日期　2019 年 10 月第 1 版　2019 年 11 月第 2 次印刷
开　　本　16 开（889mm × 1194mm）
印　　张　8
字　　数　87.5 千
书　　号　ISBN 978-7- 5552-8498-7
定　　价　98.00 元（全 4 册）
编校印装质量、盗版监督服务电话　4006532017　0532-68068638